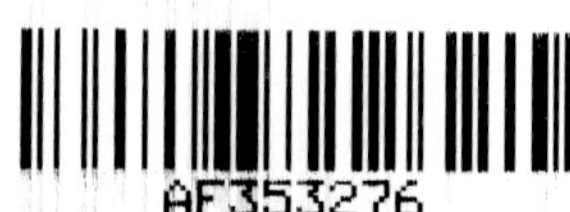

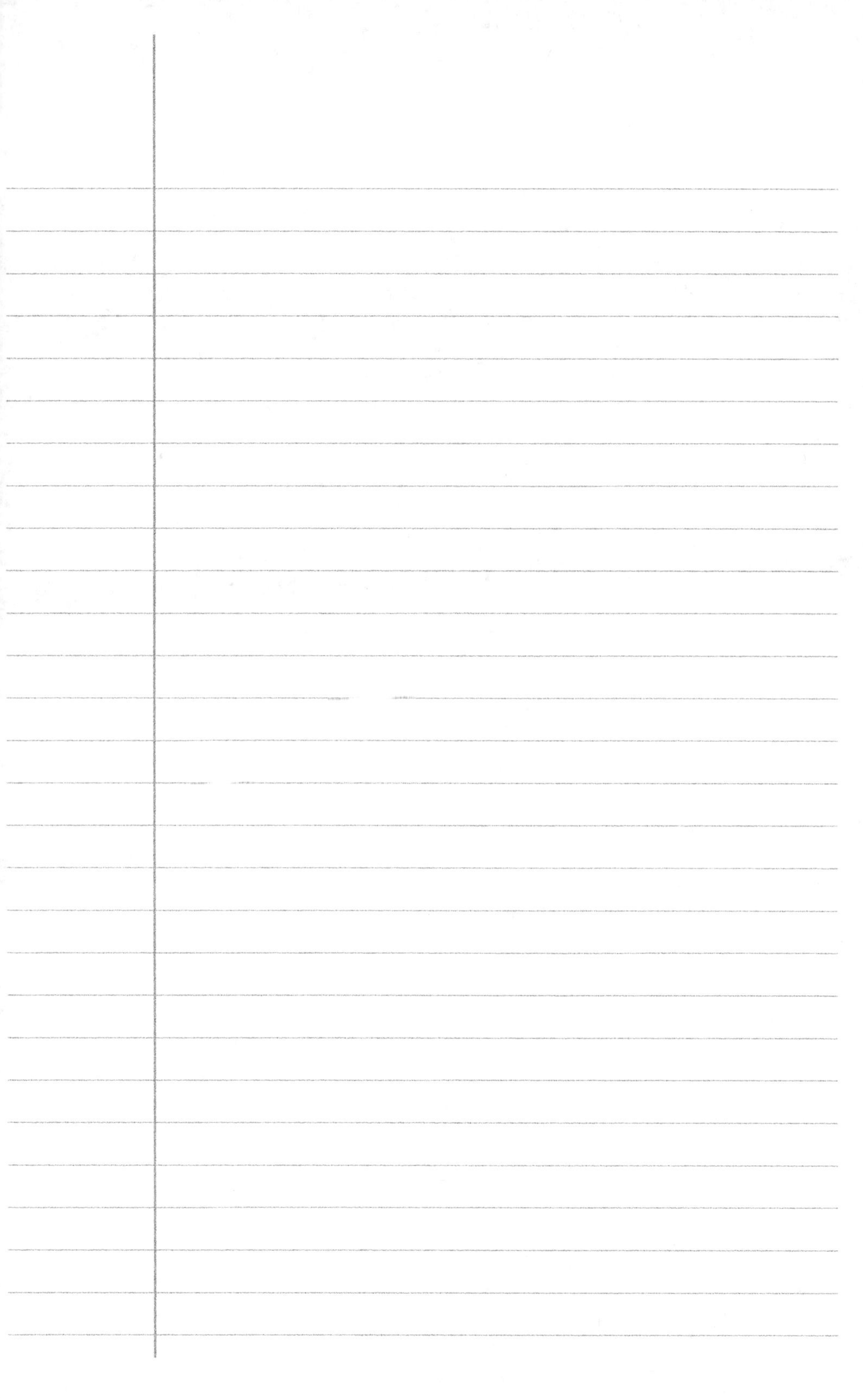